BIBLIOTHÈQUE

MÉDICO-HYGIÉNIQUE

Par M. LE CROM,

OFFICIER DE SANTÉ, CHIRURGIEN DE MARINE.

SEPTIÈME PARTIE.

DE LA SYPHILIS.

(MALADIE SECRÈTE.)

CHEZ L'AUTEUR, A NAPOLÉONVILLE.

1855.

SEPTIÈME PARTIE.

DE LA SYPHILIS.

MALADIE SECRÈTE)

Nom donné à une maladie virulente et contagieuse. Elle est presque toujours produite par le contact et l'absorption de la matière syphilitique; mais pouvant se développer spontanément. On ne sait pas bien dans quelle circonstance ce développement spontané peut avoir lieu, parce que l'opinion contraire ayant jusqu'à ce jour prévalu, on ne s'est pas occupé de les rechercher. Quelques médecins pensent que la malpropre é et l'époque des menstrues chez quelques femmes, l'échauffement produit par des ébats amoureux trop ardents et répétés plusieurs fois de suite, peuvent quelquefois lui donner naissance ; quoi qu'il en soit, le fait est incontestable ; il a bien fallu qu'il en fût ainsi pour la première fois que cette maladie s'est montrée dans le monde ; pourquoi les circonstances qui l'ont fait naître alors ne se reproduiraient-elles pas aujourd'hui et ne la feraient-elles pas naître encore? Par conséquent, on peut conclure : 1° que la syphilis ne nous est point venue d'Amérique : 2° que si elle n'a pas apparu pour la première fois à la fin du quinzième siècle, elle a au moins alors tout-à-fait changé de caractère ; 3° qu'elle n'était pas plus grave à son début qu'elle ne l'est aujourd'hui, si l'on ne considérait que l'é al des malades. et si l'on cherche à déterminer rigoureusement la part qu'avait dans la gravité du mal le défaut de soins hygiéniques, tels que nous les avons aujourd'hui, et l'ignorance d'un traitement efficace.

Cause. — Ce serait perdre un temps et un espace inutile, que de démontrer aujourd'hui l'existence d'un principe spécial, dans la syphilis, d'un virus syphilitique, et sa propr été contagieuse si universellement reconnue. Tout ce que l'on peut chercher avant d'étudier ses effets, c'est de savoir sous quelle forme le virus se présente, et quels sont ses divers modes de transmission.

La forme la plus ordinaire sous laquelle se présente le virus syphilitique, est la forme de pus ou de mucosité purulente; certains auteurs ont même affirmé que c'était la seule ; mais cette opinion est évidemment fausse ; la sécrétion séreuse qui se fait à la surface des tubercules plats ou pustules muqueuses, suffit parfaitement pour communiquer la syphilis; des auteurs anciens ont de plus admis que toutes les sécrétions naturelles, même la sperpiration cutanée, pouvait servir de véhicule au virus.

Modes de transmission. — La syphilis peut se communiquer d'un individu malade à un individu sain :

1° Par l'application de la matière sécrétée par une plaie syphilitique sur une surface de la peau dénudée de son épiderme, ou sur une surface muqueuse; 2° par la transmission héréditaire provenant de la mère, surtout pendant la durée des accidents constitutionnels précoces, tels que les syphilides et les affections de la gorge : l'hérédité provenant du père est bien moins fréquente, et a été révoquée en doute par plusieurs observateurs. D'ailleurs, il ne faudrait pas croire qu'il suffise que la mère ou le père de l'enfant soit actuellement atteint de syphilis, pour que celui-ci naisse infecté; il y a d'autres conditions connues ou inconnues qui agissent. Il ne faut point non plus confondre la maladie que l'enfant peut contracter, pendant l'accouchement, par son contact avec les parties infectées de la mère, et celle qu'il apporte en naissant, et dont le germe a été puisé dans le sein de l'utérus. La première est le résultat de la contagion pure et simple; la seconde est une vraie maladie héréditaire, et suit une marche très-différente de la première. Elle débute toujours par des symptômes généraux, qui ne se développent que secondairement dans la syphilis par simple contagion; 3° Quant à l'application des divers produits des sécrétions naturelles, sur des surfaces dénudées ou non dénudées, elles sont aujourd'hui regardées, par la plupart des auteurs, comme incapables d'engendrer la syphilis.

Le virus syphilitique peut porter son action sur tous les tissus, et produire des symptômes très-variés; mais les symptômes particuliers à cette maladie, ceux qui la caractérisent et permettent de la distinguer de toutes les autres, sont l'inoculation des sécrétions, et ceux que nous indiquerons en parlant des chancres et des syphilides.

Uréthrite. — On nomme ainsi l'inflammation de la membrane muqueuse du canal de l'urèthre, qui est aussi désignée par les noms de gonorrhée, blennorrhagie, blennorrhée, échauffement, chaudepisse, vérole, et de chaudepisse cordée quand il existe des érections presque continuelles accompagnées de douleurs atroces et que l'urèthre enflammé ne peut s'alonger avec le corps caverneux, la verge se courbant du côté de ce canal.

Cause. — Cette inflammation est souvent le résultat de l'absorption du virus syphilitique; mais elle peut être occasionnée par la présence d'un corps étranger dans ce canal; les injections irritantes, et surtout le coït avec une femme affectée de fleurs blanches très-âcres ou ayant seulement ses règles, la malpropreté, le coït trop souvent répété dans un trop court espace de temps, la masturbation, l'absorption des cantharides, la dentition, les calculs de la vessie, la répercussion d'un exanthème, de la goutte, d'un rhumatisme, etc., peuvent aussi la faire naître.

Symptômes. — L'uréthrite intense, celle qui est presque toujours produite par le virus syphilitique, se manifeste ordinairement par les symptômes suivants : Après quelques jours ou quelques heures d'un coït impur, un chatouillement, qui devient bientôt une cuisson, se fait sentir à l'extrémité de la verge, et un mucus limpide et peu abondant découle et agglutine les lèvres de l'ouverture du gland ; le malade éprouve de fréquentes envies d'uriner, et l'émission de l'urine devient chaque fois plus douloureuse, au point d'être quelquefois intolérable ; peu à peu la quantité de l'écoulement uréthral augmente, la matière en devient plus épaisse, blanche, jaune ou verdâtre ; le gland et le prépuce se gonflent, et, pendant la nuit, des érections fréquentes et excessivement douloureuses privent le malade de repos. Ces phénomènes s'accroissent jusqu'au douzième, quinzième et vingtième jour ; après quoi ils diminuent, pour disparaître complètement du trentième au cinquantième jour.

Il existe encore un degré plus élevé de cette phlegmasie : la douleur, beaucoup plus vive, se fait sentir dans toute l'étendue du canal jusqu'à la vessie ; des stries sanguinolentes sillonnent la matière de l'écoulement ; la membrane muqueuse de l'uréthre est tellement gonflée que le canal, presque oblitéré, ne permet plus la sortie des urines que par gouttes ou par un filet très-délié ; quelquefois l'émission de ce liquide est suivie ou précédée de l'issue d'une certaine quantité de sang pur et vermeil ; enfin la chaudepisse cordée, que nous avons décrite.

Les symptômes de l'uréthrite, n'ême pour cause vénérienne, sont loin d'être toujours aussi intenses. Souvent ils consistent dans une simple douleur en urinant, et une sécrétion plus ou moins abondante de mucus ; quelquefois même sans aucun écoulement. Il n'y a pas de symptômes pathognomoniques qui pourraient faire distinguer l'uréthrite vénérienne de celle qui ne l'est pas.

L'uréthrite peut se transmettre aux parties voisines, surtout aux testicules (chaudepisse tombée dans les bourses).

Enfin, lorsque l'uréthrite est passée à l'état chronique, elle consiste ordinairement dans un écoulement peu abondant d'un mucus légèrement visqueux, blanc, jaune-verdâtre et même roussâtre, s'il y a ulcération de la muqueuse, tachant le linge de l'une de ces couleurs, sans douleur, ou accompagné d'un peu de chatouillement ou de cuisson lors de l'émission des urines. Le moindre excès dans le régime et surtout dans le plaisir de l'amour, augmente la quantité de cet écoulement.

L'uréthrite aiguë se termine toujours par la résolution ou le passage à l'état chronique ; elle n'est jamais grave. La marche de l'uréthrite chronique est lente et sa durée indéterminée. Elle se termine par résolution, par l'induration d'un point de la membrane, son ulcération, ou la formation de brides ou de carnosités à sa surface, le rérécissement de l'uréthre et les inconvénients qui en résultent ; les fistules urinaires et les désordres qu'elles entraînent, sont presque toujours des résultats de cette phlegmasie. Tant qu'elle n'a produit aucun de ces désordres, elle est peu grave. En général, elle est très-opiniâtre.

Balanite. — On désigne par ce nom l'inflammation de la surface interne du prépuce et extérieure du gland. Elle est connue sous les noms de blennorrhagie du gland, de blennorrhagie fausse et de gonorrhée bâtarde. Elle est aiguë ou chronique.

La trop grande longueur du prépuce prédispose à la contracter; la malpropreté et le coït impur en sont les causes ordinaires; on la reconnaît à la rougeur, au gonflement et à un écoulement des parties; elle n'est jamais grave.

Didymite (orchite). — On nomme ainsi l'inflammation des testicules.

Causes. — Cette flegmasie se développe à l'occasion de la plus légère violence extérieure, exercée sur les testicules; mais la cause la plus fréquente est dans l'inflammation de l'urèthre, due à une cause vénérienne ou non; les symptômes consistent dans la rougeur et la tuméfaction des parties, et dans la douleur qui se propage souvent jusque dans la région des reins; l'engorgement et la pesanteur de l'organe en sont à peu près les seuls symptômes. Quand elle existe à l'état chronique, la guérison est lente et le testicule reste toujours un peu plus volumineux qu'il n'était auparavant. Dans tous les cas, même les plus graves, elle n'entraîne jamais la mort.

Vaginite. — On désigne ainsi l'inflammation de la membrane muqueuse du vagin chez la femme; elle est aiguë ou chronique, et connue sous les noms de blennorrhagie, catarrhe vaginal, leucorrhé, flueurs blanches, échauffement.

Causes. — Ce sont d'abord tous les agents qui exercent une action irritante directe sur cette membrane, tels que les manœuvres de l'accouchement, les injections irritantes, le passage des menstrues ou des liquides âcres provenant de l'utérus, le défaut de propreté, l'abus du coït, des chaufferettes, des bains de vapeur dirigés vers la vulve, les premières approches conjugales et l'état de grossesse, l'abus du café et la masturbation.

Symptômes. — Ils consistent, pour l'état aigu, dans un sentiment de prurit d'abord, et bientôt de chaleur, de brûlure dans le vagin, d'une rougeur plus ou moins vive et plus ou moins étendue de la muqueuse et quelquefois accompagnée de son excoriation, de gonflement des parties génitales externes, de l'envie fréquente d'uriner, de la difficulté de marcher et de s'asseoir. En même temps, il se fait par la vulve un écoulement de mucus, d'abord limpide et visqueux, ensuite opaque, blanc, jaune-verdâtre et plus abondant, et enfin blanc de nouveau. Ce mucus est ordinairement peu âcre; mais quelquefois il l'est au point d'excorier les lèvres. Quand l'inflammation s'étend à la portion de la membrane muqueuse qui revêt le col de l'utérus, la malade éprouve la sensation d'un corps volumineux qui cause de la pesanteur au fond du vagin, surtout lorsqu'elle veut marcher; elle éprouve dans les aines, dans les lombes et à l'hypogastre, des douleurs que les moindres secousses augmentent.

La nuance la plus légère de la vaginite aiguë n'offre d'autres symptômes qu'un peu de démangeaison, de chaleur et de rougeur dans le vagin, et une sécrétion plus ou moins abondante de mucosités.

La vaginite chronique s'observe assez souvent sans douleur, ou seulement accompagnée de cuisson; mais la marche prolongée, le coït répété, ou un petit excès dans le régime, suffisent souvent pour en exalter la sensibilité. Cette membrane est quelquefois épaissie, et offre des ulcérations.

La nature et la quantité du fluide sécrété varient : tantôt limpide, séreux et très-abondant, il coule d'une manière continue et jette la malade dans un état d'abattement général; d'autres fois plus épais, blanc, jaune ou verdâtre, ou il est glaireux et filant comme du blanc d'œuf : les stimulations gastriques et les affections morales tristes en augmentent la quantité.

Existe-t-il des moyens de reconnaître si une vaginite est ou n'est pas syphilitique? Non, aucun.

La vaginite aiguë guérit ordinairement en peu de temps : dix, vingt, quarante ou cinquante jours. La vaginite syphilitique passe souvent à l'état chronique; le retour périodique des menstrues et le coït, auquel les malades se livrent souvent trop tôt, empêchent que la résolution complète s'en opère, et la durée est indéterminable : des malades en sont affectées toute leur vie; mais, dans ce cas, la supersécrétion du mucus, effet d'abord de l'irritation vaginale, finit par être un état habituel de la muqueuse plutôt qu'un état morbide.

Métrite. — On donne ce nom à l'inflammation du tissu propre de la matrice, et l'on désigne par celui de catarrhe utérin, l'inflammation de sa membrane muqueuse; mais ces flegmasies existent rarement séparées; les mêmes causes les produisent : les symptômes et le traitement sont les mêmes. Elles sont souvent produites par l'infection syphilitique; mais les accouchements laborieux, les manœuvres violentes exercées sur l'organe, la contusion du col, la percussion répétée de cette même partie, par un pénis trop long dans l'acte trop fréquemment renouvelé du coït, les injections astringentes, les médicaments abortifs, la suppression accidentelle des lochies ou du flux menstruel, l'abstinence des plaisirs de l'amour chez une femme ardente, la masturbation, etc., peuvent aussi les produire.

Les symptômes consistent d'abord dans la suppression des lochies ou des règles quand la maladie se développe pendant leur écoulement; dans la tuméfaction de l'organe qui comprime plus ou moins les organes voisins; dans la douleur obtuse et gravative qui se propage aux lombes, aux aines et quelquefois à la partie supérieure des cuisses; enfin, dans une sécrétion plus ou moins abondante de la membrane de l'utérus. En général, cette phlegmasie est grave.

Ces inflammations sont souvent le résultat d'une infection syphilitique; mais elles peuvent se développer sous l'influence d'une foule de causes qui sont loin d'être de nature syphilitique; il ne faut donc pas s'étonner de les voir se développer chez tout individu, et même chez les enfants, et de blâmer ainsi à tort les personnes atteintes de ces maladies. Ces parties du corps sont tout aussi susceptibles de s'enflammer que les autres, et sous l'influence des mêmes causes.

Chancres. — Le chancre ou l'ulcère vénérien offre deux variétés très-distinctes quant à leurs caractères anatomiques ; dans la première, la plaie est arrondie, taillée en creux, et comme sculptée dans les tissus ; d'une couleur grisâtre particulière, environnée d'un bord nettement découpé, offrant un étroit liséré rouge, et supportée par une base qui offre assez souvent une induration circonscrite, dont l'étendue varie entre une pièce de cinq sous et une d'un franc. La seconde variété diffère de la précédente, surtout par l'élévation de la plaie, qui fait saillie au-dessus des tissus sains et offre une surface d'un gris plus blanchâtre.

Le développement du chancre se fait de trois manières différentes. Lorsque la matière virulente est déposée sur une surface déjà excoriée, cette surface change d'aspect pour prendre celui qui est propre à l'une des variétés des chancres que nous venons de décrire ; lorsque, au contraire, la surface contaminée n'est pas dépourvue d'épiderme, le développement a lieu, soit par une petite pustule qui se rompt et laisse à nu une plaie spécifique, soit par une élévation rougeâtre au-dessus de laquelle l'épiderme disparaît, sans qu'on sache souvent par quel mécanisme.

Il existe encore une troisième variété de chancre, consistant dans des ulcérations superficielles très-petites, et toujours multiples et irrégulières, appelées ulcérations syphilitiques.

Une fois le chancre développé, il peut suivre une marche très-variée qui le fait diviser en plusieurs variétés. Souvent il s'accompagne d'induration (chancre induré), ou reste très-longtemps le même (chancre stationnaire) ; quelquefois il envahit les tissus environnants, soit en largeur, soit en profondeur (chancre rongeant ou phagédénique) ; d'autres fois une suppuration abondante, épaisse, quelquefois sanguinolente, s'écoule à la surface ulcérée ; enfin, il est souvent accompagné d'inflammation, quelquefois de gangrène, de squirrhe et de cancer. Le chancre est ordinairement indolent ou peu douloureux.

Siége. — Chez l'homme, le siége le plus fréquent du chancre, est le sillon qui sépare le prépuce du gland, le frein (filet), le prépuce dans sa portion interne, le gland, et enfin la peau de la verge ; les ulcérations syphilitiques siégent presque exclusivement sur le prépuce et le gland. Chez la femme, les chancres s'observent le plus souvent à l'anneau vulvaire (entrée du vagin), et spécialement à la fourchette ; les ulcérations spécifiques, chez la femme, se développent presque toujours à la surface interne des grandes lèvres, et externe des petites. Dans les deux sexes, l'anus est quelquefois affecté de chancres ; enfin, cette affection peut se développer accidentellement sur plusieurs autres parties, parmi lesquelles les lèvres, la langue, la bouche, le nez, tiennent le premier rang. Il ne faudrait pas confondre le chancre avec les ulcérations résultant soit d'une herpès, soit d'une excoriation à l'aide d'un caustique, soit avec de simples érosions dues aux frottements des parties pendant le coït, soit à la malpropreté ou à toute autre cause. L'herpès commence toujours par de petites vésicules, plus ou moins agglomérées, qui se dessèchent ou se rompent sans passer à l'état de pustules.

Bubon (poulain). — Le bubon est l'engorgement syphilitique des ganglions lymphatiques de la région inguinale et crurale, et quelquefois du tissu cellulaire environnant ; il est ordinairement primitif (bubon d'emblée), très-rarement consécutif; les symptômes consistent dans la tuméfaction plus ou moins grande et plus ou moins douloureuse, unique ou multiple, occupant un ou les deux côtés; la marche augmente toujours l'intensité des symptômes; la rougeur peut manquer, comme aussi elle peut acquérir le plus haut degré d'intensité. Quand l'inflammation doit se terminer par résolution, la rougeur ne tarde pas à diminuer, ainsi que la douleur; la tuméfaction diminue également, puis, arrivée à un certain degré, elle devient stationnaire, ou à peu près, et peut rester à cet état pendant des mois et même des années; mais, malheureusement, la résolution n'est pas la terminaison constante du bubon syphilitique; dans près de la moitié des cas, la tumeur, au lieu de diminuer, augmente ou reste stationnaire; la peau qui la recouvre brunit et s'amincit de plus en plus, et une fluctuation évidente apparaît.

Lorsque le bubon est abandonné à lui-même, la suppuration peut s'étendre considérablement, et produire des décollements de la peau, dont on a la plus grande peine à obtenir la cicatrisation; la plaie qui résulte des bubons rentre dans l'histoire du chancre.

Non-seulement les hommes sont beaucoup plus exposés aux bubons que les femmes (au moins dans la proportion de quatre à un); mais encore, chez les premiers, la maladie offre, dans la généralité des cas, une gravité bien plus considérable; la suppuration est plus fréquente, la cicatrisation des plaies beaucoup plus longue, la résolution plus lente et moins complète.

Tubercules plats. — Ce sont de simples saillies ou épaississement de la peau, du diamètre d'une lentille, circulaire, d'un rouge plus ou moins foncé, légèrement déprimé, à la manière d'une pustule variolique imparfaitement ombiliquée. La surface de ces saillies est recouverte de l'épiderme ou offre une ulcération très-superficielle; dans les deux cas, elles sécrètent un liquide ténu d'une odeur particulière.

Les tubercules plats sont presque toujours multiples. Leur lieu d'élection est, chez l'homme, le scrotum; chez la femme, la face externe des grandes lèvres; et dans les deux sexes, le pli génito-crural; les commissures de la bouche et la face interne des lèvres sont aussi quelquefois affectées. La femme y est beaucoup plus exposée que l'homme; leur période d'incubation est ordinairement de quinze jours à trois semaines: ils ne présentent jamais de gravité.

Végétations, excroissances syphilitiques. — On donne ce nom à des productions morbides irrégulières, développées à la surface de la peau ou des membranes muqueuses, et dont la texture est la même ou à peu près. Les formes principales sous lesquelles ces affections se présentent, sont :

1° Condylomes. — On donne le nom de condylomes à des tumeurs pédiculées plus ou moins alongées, arrondies en forme de tête à leur bord libre, lorsqu'aucune pression n'a gêné leur développement ; leur siége le plus ordinaire est aux environs de l'anus, du périnée, aux parties génitales externes et à la partie supérieure des cuisses ; les condylomes acquièrent rarement un volume considérable ; cependant, on dit en avoir observés, chez des filles publiques, qui avaient l'étendue de la main et pesaient plusieurs livres ;

2° Crêtes-de-coq. — Végétations toujours aplaties, lisses et sans aspérité à leur surface, mais irrégulièrement dentelées et découpées à leur bord libre ;

3° Choux-fleurs. — On leur donne ce nom, quand elles sont comme ramifiées, et que, sur un pédicule commun, sont supportées plusieurs végétations libres ;

4° Verrues, — quand elles sont petites, aplaties, sillonnées, rugueuses et peu saillantes ;

5° Porreaux, — quand elles sont allongées, isolées, renflées, en forme de tête, par leur extrémité libre ;

6° Mûres, fraises, framboises, — quand leur forme offre quelque ressemblance avec les fruits connus sous ces noms ;

7° Enfin, cristalline, — quand elles occupent la marche de l'anus.

Siége. — Elles peuvent se développer sur toute la surface des parties externes de la génération, dans le vagin, le canal de l'urèthre, le rectum, sur le col de l'utérus, les mamelons, à la marche de l'anus, à la partie supérieure et interne des cuisses, et quelquefois sur la langue, le voile du palais et ses piliers ; elles ne sont jamais graves.

Syphilides. — On donne le nom de syphilides aux lésions cutanées, caractérisées par une coloration spécifique (couleur cuivrée) et de forme circulaire. Elles peuvent présenter toutes les formes sous lesquelles on observe les maladies de la peau, et se développer sur toutes les parties du corps. Un assez grand nombre ont une tendance extrême à l'ulcération et à la destruction des tissus ; les ulcères qui en résultent rappellent le chancre primitif.

Lalopétie ou la chute des cheveux, de la barbe et quelquefois des ongles.

Les désordres observés dans la muqueuse bucale, pharyngée et laryngée ; dans différents conduits, comme l'urèthre, le rectum, le vagin, le conduit auditif externe, qui consistent dans le développement de plaques analogues aux tubercules plats, ou mieux encore, de végétations aplaties, de taches blanchâtres ou cuivreuses, dans des ulcérations et des inflammations chroniques plus ou moins graves de ces parties.

Les systèmes fibreux et surtout osseux sont ceux qui subissent le plus, après le système tégumentaire, l'influence fâcheuse du virus syphilitique ; les douleurs ostéocopes, les caries, les nécroses, les exostoses et les périostoses sont des affections aussi graves que fréquentes; Nous n'avons rien à ajouter ici au sujet du diagnostic et des symptômes de chacune de ces lésions, lesquelles conservent toujours les mêmes caractères, quelle que soit la cause qui les détermine. Le caractère nocturne des douleurs et les antécédents pourront seuls permettre de diagnostiquer la nature syphilitique de l'affection.

Le premier effet qui résulte de l'absorption du virus syphilitique sur un sujet sain est l'infection générale de l'économie. Une fois opérée, il se passe un intervalle pendant lequel aucun phénomène n'annonce la maladie; cet intervalle est ce qu'on appelle période d'incubation, qui est ordinairement de quatre à huit jours. Les lésions qui se manifestent comme premier effet du virus, ont reçu le nom de symptômes primitifs; par opposition, ceux qui surviennent plus tard, sont appelés consécutifs ou constitutionnels, divisés en primitifs et secondaires.

L'uréthrite, la balanite, la vaginite, le chancre constituent les symptômes primitifs; les tubercules plats, les végétations, le bubon, l'orchite, la métrite appartiennent également, à peu près, aux deux ordres primitifs et consécutifs; les syphilides, aux symptômes consécutifs primitifs; les désordres des muqueuses et du tissu fibreux et osseux, aux symptômes consécutifs secondaires. Les accidents les plus graves de la syphilis sont les angines chroniques, la carie vertébrale, la phthisie syphilitique, les exostoses comprimant le cerveau. Hors ces cas et la forme héréditaire, qu'il faut regarder comme bien plus fatale, elle n'entraîne jamais la mort; mais elle apporte souvent dans tous les systèmes, lorsqu'elle devient constitutionnelle, un trouble qui persiste même après la disparition de toute lésion apparente, devient une source d'une foule de malaises mal définis, et met tous ceux qui en sont atteints dans cet état pénible qui n'est ni la santé ni la maladie. On doit donc ne rien négliger dans le traitement de cette affection et se méfier toujours du sommeil du virus ou seconde période d'incubation. Il arrive souvent, après que les symptômes primitifs ont disparu et que tout semble rentré dans l'ordre, que l'économie peut rester, pendant un temps fort long, sous la puissance du virus, sans que celui-ci manifeste sa présence par aucun signe appréciable avant l'apparition des phénomènes consécutifs dont la succession se fait des plus légers aux plus graves. Ceux qui se manifestent cinq ou six mois après, n'indiquent qu'une affection peu grave; tandis que d'autres, qui peuvent ne se manifester que plusieurs années après l'infection primitive, sont l'indice d'une altération profonde de l'organisme.

Traitement. — Le traitement de cette maladie doit être local et général.

Le traitement local consiste tout simplement à combattre l'inflammation qui en résulte par tous les moyens indiqués pour l'uréthrite, la balanite, la didymite, la vaginite et la métrite ordinaire. Ce traitement consiste : 1° en bains locaux et généraux, lotions, fomentations et lavements émollients, calmants et narcotiques, avec une décoction de graine de lin, de mauve ou de guimauve, et rendus narcotiques et calmants, en y ajoutant une décoction de feuilles de laitue, de morelle, de jusquiame, de belladone, de têtes de pavots, ou par l'addition de quelques gouttes de laudanum ; 2° en injections de même nature dans l'urèthre et dans le vagin ; on les rendra astringentes aussitôt que les symptômes de l'inflammation et la douleur seront dissipés, et qu'il ne restera plus qu'un écoulement de mucus, avec la précaution de commencer à les employer peu actives, et d'augmenter graduellement à mesure que ces parties s'accoutument à leur action. On emploiera pour cela les dissolutions de sulfate de zinc, d'alun, de sulfate de cuivre, d'acétate de plomb, de nitrate d'argent, d'extrait de ratanhia ; l'eau de Cologne, le vin miellé, l'eau de mer, l'eau à la glace, l'oxicrat, l'eau blanche, etc. ; 3° en sangsues appliquées, en plus ou moins grand nombre, sur les parties malades ; 4° en cataplasmes de farine de graine de lin faits avec une décoction de têtes de pavots, et arrosés de laudanum ou saupoudrés de camphre quand les douleurs sont trop violentes ; 5° en boissons délayantes, mucilagineuses et légèrement diurétiques, telles que les décoctions de graine de lin, d'orge, de chiendent, de pariétaire, de guimauve, de saponaire et de fraisier ; le petit-lait, le sirop d'orgeat dans l'eau, l'eau de veau, de poulet, etc. ; avec dix, vingt, quarante grains de nitrate de potasse par litre, une alimentation légère choisie parmi les substances végétales douces et les viandes blanches ; l'abstinence de toute boisson stimulante, de tous les exercices qui exigent quelques efforts, du coït et de tout ce qui peut faire naître des idées libidineuses ; 6° la diète plus ou moins sévère, le repos au lit et quelquefois une ou plusieurs saignées suivant l'intensité des symptômes et l'état du sujet ; 7° enfin, la propreté des parties, surtout chez les femmes, doit être de rigueur ; un suspensoir pour soutenir les testicules, les frictions avec de l'onguent mercuriel sur ces parties et le canal de l'urèthre, et quelquefois un vésicatoire ou un cautère à l'une des cuisses, doivent être employés dans la didymite, l'uréthrite et la vaginite chronique.

Les bains d'eau froide doivent être employés pour combattre les érections nocturnes douloureuses.

Le traitement des végétations consiste : quand elles sont rouges, douloureuses et enflammées, dans les fumigations, fomentations et cataplasmes émollients, la pommade de concombre, le cérat saturné ou opiacé, etc. ; quand, au contraire, elles sont indolentes, on se borne à les panser avec de l'onguent mercuriel, des lotions répétées d'eau de chaux ou d'alun ; et si ces moyens échouent, on en pratique la ligature ou mieux l'excision ; on peut aussi les cautériser avec le nitrate d'argent fondu ou le nitrate acide de mercure.

Le traitement des bubons comprend deux périodes bien distinctes : dans l'une, il s'agit de prévenir la suppuration ; dans l'autre de rendre celle-ci la moins fâcheuse possible. Les moyens à employer dans la première sont : les bains locaux, les sangsues, les fomentations et les cataplasmes émollients, astringents quand l'inflammation n'est pas trop forte ; le repos absolu et la position horizontale, la diète et l'usage des boissons délayantes et rafraîchissantes, les frictions mercurielles,

les emplâtres de Vigo quand ils sont indolents ou passés à l'état chronique ; dans la seconde, lorsque le pus est formé, il faut se hâter de
lui donner issue par une ou plusieurs incisions ou ponctions.

Les chancres ne réclament ordinairement que des soins de propreté,
l'application de charpie imbibée de vin aromatique ou de chlorure de
soude, la cautérisation avec le nitrate d'argent lorsqu'il n'y a aucune
douleur ; imbiber la charpie de parties égales d'eau et de laudanum
de Sydenham quand ils sont très-douloureux, les saupoudrer de char-
bon et de camphre, de quinquina quand ils sont noirâtres et gan-
gréneux.

Les tubercules plats doivent se traiter uniquement par les soins de
propreté et les bains chlorurés assez longtemps continués. C'est encore
aux mêmes traitements et aux pommades mercurielles qu'il faut avoir
recours dans le traitement des syphilides. Soustraire le cuir chevelu
aux changements brusques de température et à l'isolation, raser les
cheveux ou les couper très-courts pour éviter leur chute. Il n'y a rien
à faire contre la chute des ongles.

Le traitement local à opposer aux tubercules plats, aux végétations
et aux ulcérations de la membrane muqueuse de la bouche, du pha-
rynx et du larynx, consiste en gargarismes mercuriels ou émollients,
et en fumigations de même nature.

Pour dissiper les douleurs quelquefois considérables, surtout la nuit,
et résoudre les tumeurs formées par les os ou le tissu fibreux, on emploie de préférence l'iodure de potassium en pommade sur les tumeurs et à l'intérieur.

Traitement général. — La médication mercurielle, employée convenablement et avec prudence, est, sans aucun doute, la meilleure.
L'opinion médicale est unanime sur ce point. Le mercure, sagement
administré, ne produit certainement aucun des accidents qu'on lui
a imputés à l'époque où il était employé immodérément. Les avanta-
ges que chaque auteur a attribués à la médication qu'il préférait, sont
illusoires ou tout au moins excessivement problématiques. La guérison suit ordinairement la médication mercurielle, quelle qu'elle soit ;
quelquefois, à la vérité, la maladie résiste à une préparation, tandis
qu'elle cède promptement à une autre ; mais celle qui aura triomphé
dans un cas, sera précisément celle qui échouera dans un autre ; en
sorte qu'il y aura ici tantôt supériorité et tantôt infériorité.

Les substances qui ont été proposées pour remplacer le mercure,
sont principalement les préparations d'argent, d'or et de platine ; mais
les préparations d'or sont les seules qui aient procuré des guérisons
incontestables. Il ne faudrait donc pas manquer d'y avoir recours,
mais seulement lorsque les moyens ordinaires auraient échoué.

Les préparations le plus fréquemment employées sont les pilules de
Dupuytren, de Cédillot, et les pilules de proto-iodure de mercure (elles
se composent de : proto-iodure de mercure, un grain ; thridace, *idem*
pour deux pilules), et la dissolution d'iodure de potassium (trente gr.
pour cinq cents grammes d'eau distillée) ; ou on donne depuis seize

jusqu'à soixante grammes par jour ; on peut ajouter depuis un demi-gramme jusqu'à deux grammes d'iode pur, quand les sujets sont scrofuleux ou que la maladie est très-invétérée.

La préparation d'or la plus usitée est la suivante : chlorure d'or et de sodium cristallisé, un grain ; poudre de lycopode ou d'iris lavée à l'eau et à l'alcool, deux grains ; on divise le tout en quinze paquets, qu'on emploie en frictions sur la langue et les gencives (un à quatre paquets par jour).

L'usage de ces médications n'empêche pas celui des médications indiquées par l'état général du malade ; ainsi, dans la syphilis constitutionnelle grave, il y a presque toujours un état de faiblesse et d'anémie qui réclame l'emploi des ferrugineux et des toniques sous toutes les formes, un régime fortifiant et une nourriture appropriée à l'estomac du malade.

Les moyens de se préserver de cette maladie sont : 1° Toutes les fois que le coït devra être pratiqué avec des personnes suspec'es, on doit avoir recours aux moyens que nous avons indiqués, et faire son possible pour découvrir le siége et l'existence du mal, en examinant soigneusement les parties génitales ;

2° Comme la forme de ces parties, chez la femme, exige de très-grands soins de propreté, il faut toujours se méfier de ces découvertes et captures nocturnes que l'on pourrait faire, ainsi que de ces prétendues grisettes et de toutes les femmes qui se livrent à cette pratique (elles vous donnent de ces véroles de confiance des plus soignées), parce que la plupart de ces personnes sont très-négligentes à ce sujet ; il n'en est pas de même des filles des maisons publiques ; elles entretiennent ordinairement la plus grande propreté possible des parties génitales, et, de plus, elles passent la visite tous les quinze jours ; par conséquent, la maladie, chez elles, ne peut jamais dater de longtemps ; aussi, est-on bien moins exposé à contracter la maladie avec ces femmes qu'avec celles dont nous venons de parler ;

3° L'homme doit aussi entretenir la plus grande propreté de la muqueuse du gland et du prépuce en laissant toujours le gland à découvert pour diminuer, autant que possible, l'activité de l'absorption dans ces parties et en leur faisant subir, en quelque sorte, la transformation cutanée qui a lieu par leur contact et le frottement des cuisses et du pantalon pendant la marche, qui rendent ces parties bien moins susceptibles à l'absorption du virus ;

4° Couvrir convenablement le gland d'onguent napolitain double, en introduire dans le canal de l'urèthre avant de pratiquer le coït, afin d'empêcher l'absorption et le contact du virus, et son entrée dans le canal, du moins avant l'excrétion du sperme ; après quoi on doit se retirer immédiatement, toutes les fois que le coït se pratique avec une femme suspecte ; la femme doit aussi prendre les mêmes précautions et couvrir légèrement la vulve et surtout l'entrée et le pourtour du vagin.

Ce remède, ainsi employé, préserve très-bien de la communication de cette maladie, soit en garantissant les parties du contact et de l'absorption du virus, soit en le neutralisant avant son absorption, soit, enfin, en pénétrant les tissus et en parcourant l'économie en même temps que le virus, qu'il détruit avant que ce dernier ait eu le temps de produire aucun effet sur l'économie.

FIN DE LA SEPTIÈME ET DERNIÈRE PARTIE.

Vannes.— Impr. de Gust. de Lamarzelle.